图书在版编目（CIP）数据

和孩子聊聊人工智能 /（西）西班牙谜题协会著；
（葡）安娜·塞沙斯绘；蔡一粟译 . -- 成都：四川美术
出版社，2023.10（2024.7 重印）
ISBN 978-7-5740-0678-2

Ⅰ . ①和… Ⅱ . ①西… ②安… ③蔡… Ⅲ . ①人工智
能—少儿读物 Ⅳ . ① TP18-49

中国国家版本馆 CIP 数据核字 (2023) 第 154683 号

本作品中文简体版权归属于银杏树下（上海）图书有限责任公司
著作权合同登记号：图进字 21-2023-163

和孩子聊聊人工智能

HE HAIZI LIAOLIAO RENGONG ZHINENG

[西]西班牙谜题协会　著　　　[葡]安娜·塞沙斯　绘
蔡一粟　译

选题策划	北京浪花朵朵文化传播有限公司
出版统筹	吴兴元
责任编辑	杨　东　王馨雯
特约编辑	马筱婧
责任校对	陈　玲　赵丽莎
责任印制	黎　伟
装帧制造	九　土
营销推广	ONEBOOK
出版发行	四川美术出版社
	（成都市锦江区工业园区三色路 238 号　邮编：610023）
开　本	889 毫米 ×1230 毫米　1/16
印　张	4.5
字　数	57 千
图　幅	34 幅
印　刷	天津联城印刷有限公司
版　次	2023 年 10 月第 1 版
印　次	2024 年 7 月第 2 次印刷
书　号	ISBN 978-7-5740-0678-2
定　价	68.00 元

读者服务：reader@hinabook.com 188-1142-1266
投稿服务：onebook@hinabook.com 133-6631-2326
直销服务：buy@hinabook.com 133-6657-3072
官方微博：@浪花朵朵童书

浪花朵朵

和孩子聊聊
人工智能

[西] 西班牙谜题协会 著　　[葡] 安娜·塞沙斯 绘　　蔡一粟 译

四川美术出版社

浪花朵朵

目录

智能机器年代记 08

智能机器 14

我们能判断一台机器是否智能吗? 16

机器学习 20

编程理想食谱 26

没有血肉之躯的朋友 34

谁在偷听我们说话? 38

智能机器有没有可能知道我们的感受? 40

你会给我推荐什么? 45

气泡 48

替代人类的机器 50

我是机器! 54

日常生活中的智能产品 58

设计的把戏! 64

谁改变了谁? 66

畅想未来 67

术语表 68

参考文献 69

智能机器
年代记

从古至今，
一代又一代的人
醉心于制造
智能机器。

我们可以把这艘船
视为自动驾驶汽车的
鼻祖吗?

在希腊神话中,
英雄奥德修斯
便是乘坐一艘
仅凭**意念驱动**的
自动行驶的船
返回了故乡伊塔刻。

古希腊拜占庭的菲隆发明了
机器女仆,这是一个自动机。
只要把酒杯放置在
机器女仆手中,
它便会自动把酒杯斟满。

约1495年

列奥纳多·达·芬奇曾构思过
一个**机器骑士**,它可以完成坐下、
转动胳膊和脖子、张开嘴巴等多项动作。
没人知道达·芬奇是否打算
完成他的发明,但科学家们基于
他的手稿重现了这台机器人。
结果表明,机器骑士
完全可以正常运作!

约1200年

传说中,
大阿尔伯特曾制造出
一个**钢铁机器人**
来当自己的**管家**。
这台机器人可以
行走、开门,
甚至向客人问好。

约1615年

《堂吉诃德》一书中曾描写了
堂吉诃德和一个**会说话的人头铜像**的奇遇。
这个人头铜像能够回答各式各样的问题。

据说,法国哲学家勒内·笛卡儿在女儿
去世后,仿照女儿的样貌制造了一个**机
器人**。负责运输的水手看见后,吓得把
它扔进了海里。

知道一切答案且
会说话的人头铜像,
是否启发我们设计出了
如今的语音助手呢?

撤退不是逃跑。

约1646年

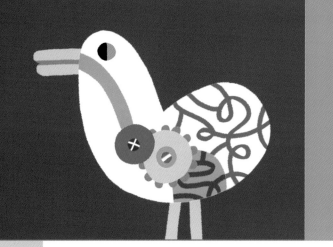

约1738年

雅克·德·沃康松制作了一只机器鸭子。它可以进食、消化和排便。这只鸭子被认为是人类历史上**第一只机器宠物**。

1770年

沃尔夫冈·冯·肯佩伦制作了一个精通国际象棋的**人形下棋装置**。

1942年

作家艾萨克·阿西莫夫在科幻小说《环舞》中提出了"**机器人学三定律**",即:

第一定律:机器人不得伤害人类,不得在人类遭受伤害时袖手旁观;

第二定律:机器人必须服从人类下达的指令,除非该指令与第一定律冲突;

第三定律:在不违反第一、第二定律的条件下,机器人必须尽可能保护自身的存在。

1920年

作家卡雷尔·恰佩克在戏剧作品《罗素姆万能机器人》中,讲述了一家企业**制造机器人以减轻人类工作负担**的故事。尽管制造机器人的初衷是为了帮助人类,但最终爆发了一场机器人毁灭人类的革命。

1947年

2016年

艺术家皮纳尔·约尔达什创作了名为《猫咪人工智能》的动画作品。这个作品描绘了2039年的世界,那时,拥有情感能力的**人工智能猫咪**成为地球上**首个非人类统治者**。它通过人工智能网络领导整个星球,住在星球居民的移动设备里,可以同时爱着300万人。

或者至少人们以为是这样。
事实上，一名专业棋手
就藏在装置内部，
操纵机器移动棋子。

许多年后，国际商业机器公司（IBM）
制造了一台**名为"深蓝"的
超级计算机**。它在 1997 年
打败了当时的国际象棋冠军。

1816年

E. T. A. 霍夫曼的小说《沙人》讲述了一位青年学生爱上
女孩奥林匹亚的故事，但这位青年不知道的是，女孩其实
是一个机械人偶。相同的概念也出现在斯派克·琼斯
执导的电影《她》（2013 年上映）中。
片中，男主人公**爱上了手机里的语音助手**。

我们会把机器人和人类相混淆，
甚至爱上机器人吗？

1889年

作家儒勒·凡尔纳描写了
一部"**影像传输电话**"，
它可以通过由线缆连接的
感光镜实现画面的传输。

作家杰克·威廉森在小说《束手无策》中描写了
一个机器人无比高效的世界，
人类在这个世界里无事可做，只能待在一旁。
相同的概念也出现在安德鲁·斯坦顿执导的电影
《机器人总动员》（2008 年上映）中。
片中，**智能技术已经能胜任人类所有的工作**，
人类除了坐着盯住屏幕，别无选择。

注意

我们对智能机器或充满恐惧、
或满怀期待的态度，很大程度
上是受到了一些科幻作品的影响。

2015年

在乔斯·韦登执导的电影
《复仇者联盟 2：奥创纪元》中，
一群超级英雄与人工智能机器人陷入苦战。
尽管创造人工智能机器人是为了保护人类，
但人工智能机器人认为人类**最大的威胁**是**人类**自己，
于是决定消灭人类。

1999年

电影《机器管家》讲述了
机器人获得意识，
并选择成为一个拥有
人类所有特质的完整的
"人"的故事。

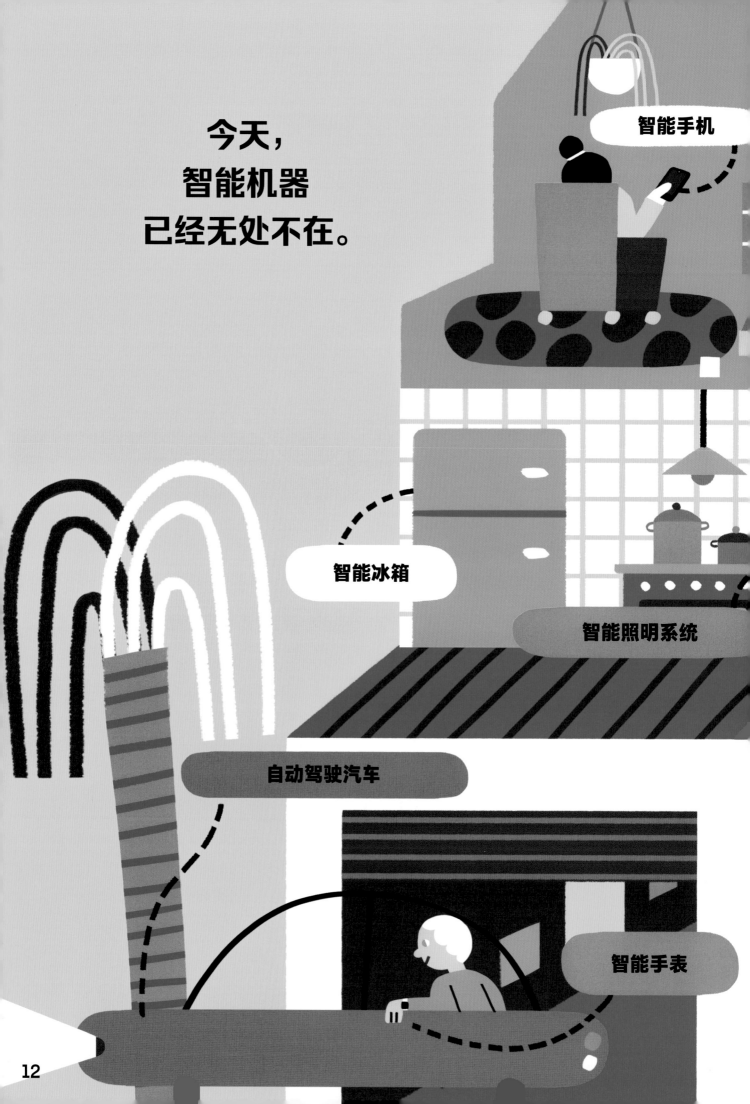

智能机器

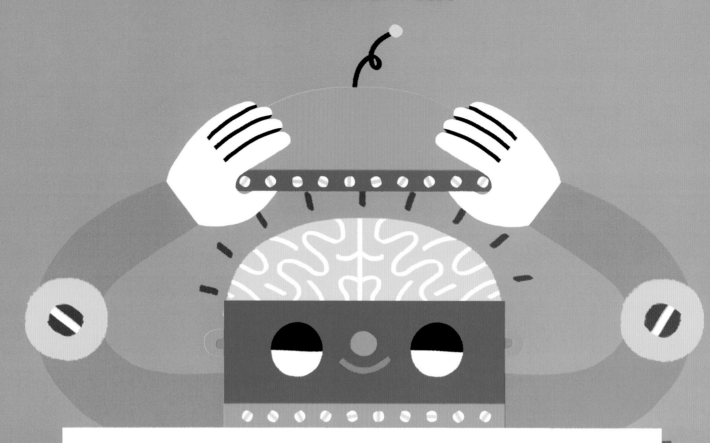

人工智能旨在使机器人可以实现人类大脑所能完成的功能，比如，逻辑思考、方案规划、总结归纳、关联事物，还有给身体下达行动的指令……智能电视可以实现上述所有的功能吗？智能吸尘器呢？或许它们做不到上述所有事情，但完成一部分还是可以的。于是，我们便在这类机器前边加上了一个形容词——"智能"。

在本书中，我们将思考许许多多与智能机器相关的问题。第一个问题是：它们真的智能吗？让我们一块儿去看看，智能机器如何运行、如何对我们的生活产生影响，以及我们将面临什么样的道德挑战。

准备好了吗？

它有什么能力
是我没有的呢？

被认为是人类历史上第一位程序员的**阿达·洛夫莱斯**曾说过，**机器永远不能用智能来形容，因为它们只能按照编写好的程序运作。**

按照她的观点，一个只会推荐优秀视频或健康食物的人，算不算智能呢？那如果把人替换成机器呢？

机器的智能和人类的智能是一样的吗？

有没有那么一天，机器能变得和人类一样智能？

或者，变得和小狗一样智能？

坐下！

注意

目前，智能机器仅用于
完成专项任务。
它并非无所不能！

我们能判断一台机器是否智能吗？

你不是唯一一个提出这个问题的人。1950 年，数学家**艾伦·图灵**设计了一套测试，用来评估机器是否和人类一样智能。测试员对两位受试者（一台机器和一名人类）分别提出相同的问题。如果测试员在分析两位受试者的答案时，无法区别出答案是谁回答的，那么这台受试机器便被视为是智能的，也就是说，它通过了"**图灵测试**"。

尽管图灵做出了尝试，但图灵测试并不是毫无差错的。哲学家**约翰·希尔勒**设计了名为"**中文房间**"的思想实验来批判图灵测试。

试想一下，一台可以识别中文并用中文回答问题的机器，接受了图灵测试。测试员用中文提问，机器用中文给出了连贯的答案。结果，测试员认为回答问题的受试者能够理解中文，于是机器便通过了图灵测试。**但机器真的懂中文吗？**

再试想一下，如果前面说的机器并非真正的机器，而是由约翰·希尔勒假扮的，或是他藏在机器内部进行操作。希尔勒对中文一窍不通，但他有一本手册，告诉他回答时遵循的规则（比如，如果接收到这样的语言符号组合，就回答那样的内容）。依据这样的指引，希尔勒能够回答任何中文问题，而他一个汉字都不认识！

猜一猜，是真是假？

1 在伦敦大学的一项实验中，参与者居然没有发现其中一名学生是机器人。

2 在瑞士一所大学的实验中，
被编程为互相协作的机器人却最终学会了互相欺骗。

3 美国研发了一种飞行机器人，
外观与鸟类极其相似，以至于被鹰攻击了。

4

也门冲突中，
人们不得不消灭
一台自主决定转变
阵营的机器人。

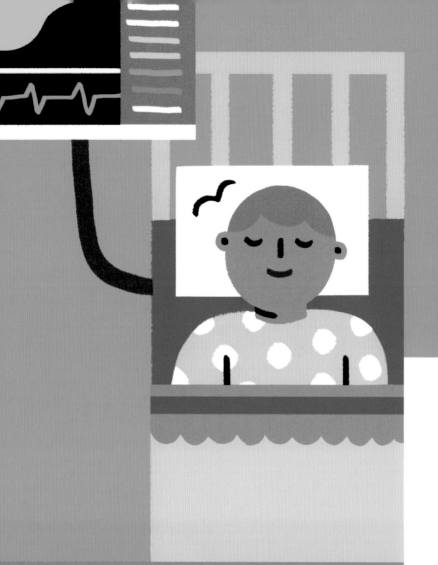

智能机器可以
**预测病人的病情发展
并提供治疗对策。**

智能机器通过接收和分析病人诊断、治疗和病
情演变的数据，从中寻找具有共性的模式，用于
预测今后其他病人的病情发展。

机器学习

智能机器可以
为你**推荐你可能会喜欢的音乐或视频。**

智能机器会分析系统里有关于"你"的数据（如历史购买
记录、偏好、品味等），寻找其他曾做过类似决定的用户的数
据，并生成个性化推荐。

智能机器可以
自主完成扫地或擦洗等**家务活**。

智能机器通过传感器收集周围环境的数据（如障碍物、地面凹凸情况、脏乱程度等）。基于上述信息，智能机器可以决定自己的行为。

今天，如果一项技术能自主执行任务，如进行预测、提出建议和做出决定，它便被认为是智能的。为此，人们开发了让机器从获取的数据中学习的程序。

机器如何学习? 它在对海量数据进行分析后，从中**提取模式**，即用于识别、应对日后相同或相近情况的模型。

智能机器可以
识别人脸。

智能机器通过收集大量的面部图像，创建相应的模型，从而识别哪个是人脸，哪个不是。

但是，机器的学习方式跟我们的一样吗？

你有没有想过，婴儿是如何学习认识小狗的?

直到今天，尽管各式各样的理论层出不穷，我们仍旧无法准确解释人类是如何学习的。人工智能的设计者基于各种理论，为机器编写自主学习的程序。

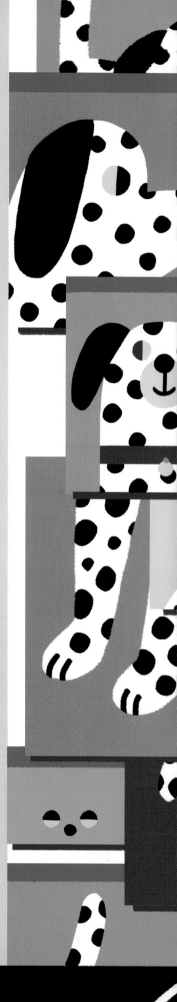

狗

我的确是一条狗！

试想一下，有这样一台受过训练的机器，它只能基于斑点狗的照片来识别狗。这样的话，它不会把斗牛犬或哈士奇识别为狗。尽管斑点狗也是狗的一种，但它不能代表现存的所有类型的狗。

智能机器需要接收大量的数据（数字、图像、声音或其他任何形式的信息）来建立模型，从而做出正确的预测和决策。例如，为了学会识别狗，它需要接收大量的各种种类的狗的图像。这样一来，它便能够检测出狗有别于其他动物（甚至是其他物体）的特征。

想象一下，如果……会怎样？

外星人
抵达地球后，
只看到小孩。

人脸识别系统
只接收到金发碧眼的
人的面部图像。

教师考核系统
仅以所教学生的
成绩作为依据。

猜一猜，是真是假？

1 2017 年，一家大型企业停止使用人工智能筛选求职简历，因为它所运行的程序歧视女性求职者。

2 在一家餐厅里，负责收拾和清理餐桌的机器人误将儿童的玩具当作食物残渣。

3 一场足球比赛中，人工智能转播系统将裁判的光头误认为足球。

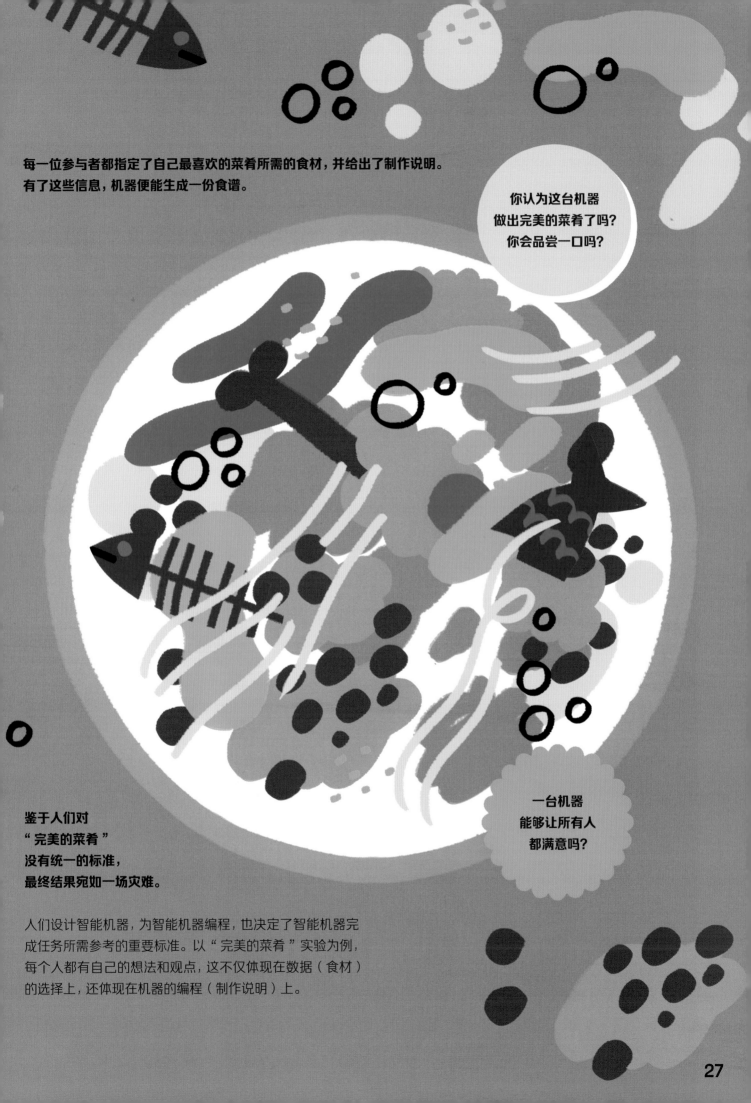

每一位参与者都指定了自己最喜欢的菜肴所需的食材，并给出了制作说明。
有了这些信息，机器便能生成一份食谱。

你认为这台机器
做出完美的菜肴了吗？
你会品尝一口吗？

鉴于人们对
"完美的菜肴"
没有统一的标准，
最终结果宛如一场灾难。

一台机器
能够让所有人
都满意吗？

人们设计智能机器，为智能机器编程，也决定了智能机器完
成任务所需参考的重要标准。以"完美的菜肴"实验为例，
每个人都有自己的想法和观点，这不仅体现在数据（食材）
的选择上，还体现在机器的编程（制作说明）上。

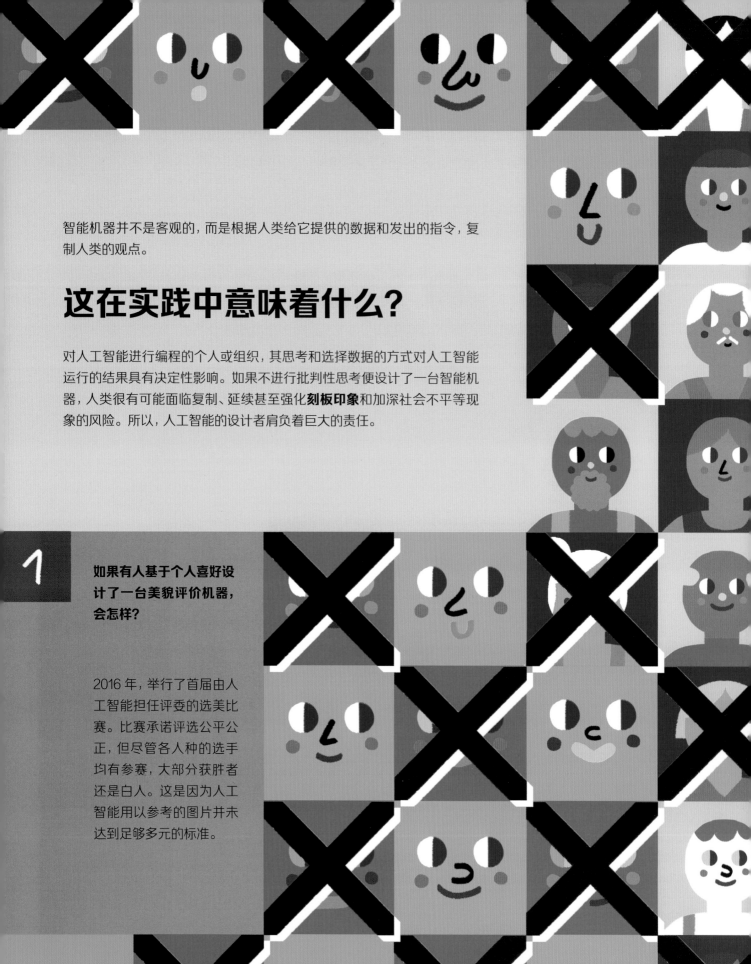

智能机器并不是客观的，而是根据人类给它提供的数据和发出的指令，复制人类的观点。

这在实践中意味着什么？

对人工智能进行编程的个人或组织，其思考和选择数据的方式对人工智能运行的结果具有决定性影响。如果不进行批判性思考便设计了一台智能机器，人类很有可能面临复制、延续甚至强化**刻板印象**和加深社会不平等现象的风险。所以，人工智能的设计者肩负着巨大的责任。

1

如果有人基于个人喜好设计了一台美貌评价机器，会怎样？

2016 年，举行了首届由人工智能担任评委的选美比赛。比赛承诺评选公平公正，但尽管各人种的选手均有参赛，大部分获胜者还是白人。这是因为人工智能用以参考的图片并未达到足够多元的标准。

如果以过去 200 年的数据为参考给一台机器编程，使其判断成为一名杰出科学家所需要的特质，会怎样？

不幸的是，在过去很长一段时间里，女性很少有机会在科学界发展。在某些情况下，女性科学家不得不以男性的身份发表工作成果。如果仅以历史数据作为参考，很可能会延续对女性的歧视，因为"女性"并非在科学界频繁出现的突出特质。

3

如果有人决定，将居住地址作为评判个人信用的标准，会怎样？

为了确定银行是否该给某人贷款，智能机器从系统内借款人所有的信息中提取了借款人的住址作为评判标准之一。这样一来，居住在贫困社区的借款人便不太可能获得贷款。

这些人在你的脑海中是什么样的？

你的想法是否也是基于刻板印象？

很多时候，我们会无意识地用刻板印象来评判他人，比如聪明人总是戴着眼镜，篮球运动员总是大高个儿，爷爷奶奶总是和蔼可亲……这些刻板印象也会反映在智能机器的编程中。

照顾全家

护理学专业

住五星级酒店

想年一念理发店

喜欢芭蕾

穿着袜子睡觉

爱猫人士

关心他人的人

痴迷占星术

漫画迷

蹲着小便

在一家咖啡店工作

时常冲浪

好人

善解人意的人

常去健身房

艺术家

整天都在社交媒体上打发时间

建筑学专业

说话声音刺耳

跳舞跳得很棒

穷人

在异地

上过大学

模特

有趣的人

爱发号施令的人

富人

会说俄语

想去露营

素食主义者

爱狗人士

总是拼写错误

在本地

情感丰富的人

男性

在一家木材加工厂工作

悲观主义者

想去游泳馆

读了很多书的人

沉迷电子游戏的人

十分聪明的人

相信魔法

总惹麻烦的人

喜欢跟朋友们一起玩

知道什么是普朗克常量

健谈的人

女性

否认气候变化

骑自行车出行

会缝纫

无趣的人

智能机器的设计者
更加多元化。

智能机器
将会是我们希望的样子。

将社会科学
纳入技术研究。

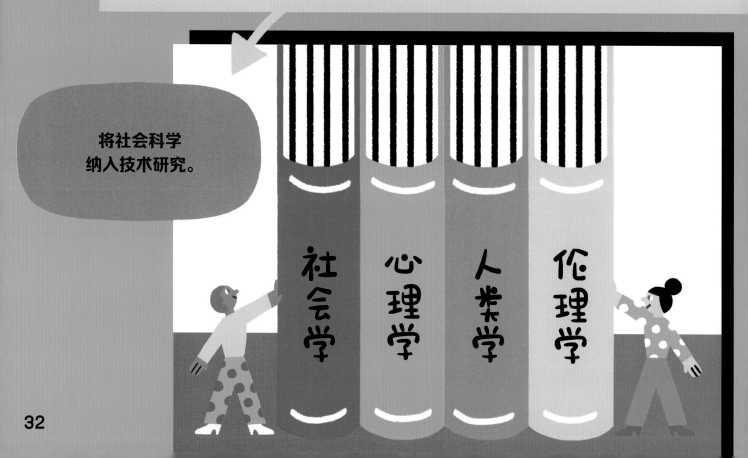

社会学　心理学　人类学　伦理学

允许更多
不同背景的人参与
智能机器的审查。

究竟怎么做，才能减少刻板印象和
社会不平等现象？

你还能想出其他方式吗？

试想一下，现在需要为期末的演奏会分配角色。如果你被要求
设计一台机器来完成上述任务，你会给机器什么样的数据？
你该如何确保机器做出合适的决定？

没有血肉之躯的朋友

他们为什么要
躲着语音助手？

你会对语音助手说那些
你给妈妈或朋友说的话吗？

我能告诉你个秘密吗？

当然！但咱们得先来
我的秘密基地躲起来，
不然我的语音助手会听见的。

在童话故事、动画和电影中，有时会出现一些看似有生命的物体，它们能够说话、交谈。它们可不止存在于虚构故事里。我们的周围开始出现越来越多的物体，它们能听懂我们的话语，能说话，还能和我们交流。

对你而言，**语音助手**这一概念或许还很新鲜，但据传早在 13 世纪，哲学家罗杰·培根便制造了一个能够回答任何问题的黄铜头像。

你认为会说话的卡通形象和能够与我们交流的智能机器之间有什么差别？

语音助手旨在识别我们说话的内容并模仿人声来与我们交谈，为了实现这一目标，它需要接收数据，即我们的声音和话语。**它需要聆听我们！** 如果不这样的话，它就没法与我们交流。

然而，尽管机器可以识别语音，但这并不代表它可以用和我们人类一样的方式理解语音。

1773年

医生、物理学家和工程师克里斯蒂安·克拉岑斯坦将共鸣管和风琴管连接起来，成功**再现了元音的声音。**

1939年

第一台能够模仿人类说话的**电子语合成器**——沃德（Voder）问世。它并不是自动发音的，需要有人操作键盘和踏板来决定机器发出什么声音。

语音识别年代简记

人类历经了几个世纪的研究和探索，才开发出如今我们所熟知的语音识别技术。

20世纪80年代

随着研究的发展，国际商业机器公司发明了语音控制打字机坦戈拉（Tangora）。它能够**识别2万个单词**。

20世纪90年代

第一批语音识别产品进入市场，声龙听写（Dragon Dictate）便是其中之一。它能够**把你对它说的话转成文字**。

1952年

一台名为奥黛丽（Audrey）的机器被发明出来，它可以听懂用发明者的声音说出的**0到9的数字**。奥黛丽高约2米，能耗巨大。

2011年

具有**个人助理功能**的人工智能西瑞（Siri）问世。

你好！

谁在偷听我们说话？

智能机器的背后有负责研发其决策系统的企业或团队。除此之外，还有不少的企业对智能机器收集的数据抱有极大的兴趣，想要了解、控制和使用这些数据。

个人数据是相当珍贵的！基于个人数据，可以生成个性化内容和广告，从而增加某些产品的销量，或是帮助商家有针对性地设计新产品。

如今，想要确切地知道谁在偷听我们说话变得愈发困难。

咱们现在可以出去了吗？

当然！我的语音助手已经没电了！

在美国，有**超过三分之一**的 0~11 岁的孩童拥有与智能语音助手互动的经历。如果我们已经习惯向语音助手提问并即刻得到回答，或许我们会产生"所有事情都能立马解决"的错觉。同样，如果我们只跟总是顺从我们的智能玩具玩耍，或许我们就不再有兴趣跟那些和我们想法不同的人玩耍了。

此外，你是否注意到，语音助手大多是女性的声音，并且听起来亲切又殷勤？你认为原因是什么？

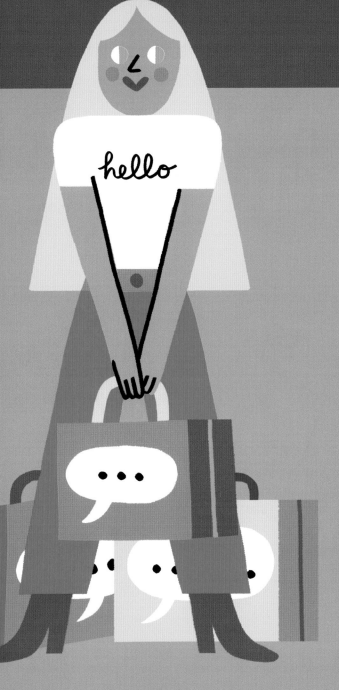

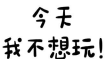

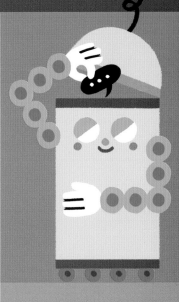

如果智能玩具
突然变得凶神恶煞，
你会怎么办？

如果你知道智能玩具
会保存你说的每一句话，
你是否会改变和它的
玩耍方式？

2015 年，市面上出现了一款能够与人对话的交互式洋娃娃。为了提升洋娃娃的交流能力，研发企业会用电脑记录儿童与洋娃娃玩耍时的对话，还会每天向父母发送儿童的活动报告。出于对**隐私**泄露的担忧，德国等国家已禁止销售这种洋娃娃。

你有没有想过，
你对智能机器说的话，
最后可能会被其他人听到？

如果智能机器存储了
一个对你而言非常重要的
秘密，你会怎么做？

智能机器有没有可能知道我们的感受？

智能机器不只能识别语音，或许还能识别人类的情感。目前，这类技术正在研发中。

奶奶和孙女之间爆发了"冲突"。孙女的手环显示她对礼物很失望，但孙女自己却给出了截然不同的答复。奶奶该相信谁呢？手环还是孙女？你能保证手环可以百分之百正确地解读孙女的感受吗？**有没有可能，智能机器会比我们自身更了解我们的情绪？**

面部表情是我们最早学会识别的信号之一，用来了解他人的感受和意图；我们也通过面部表情与他人建立关系。

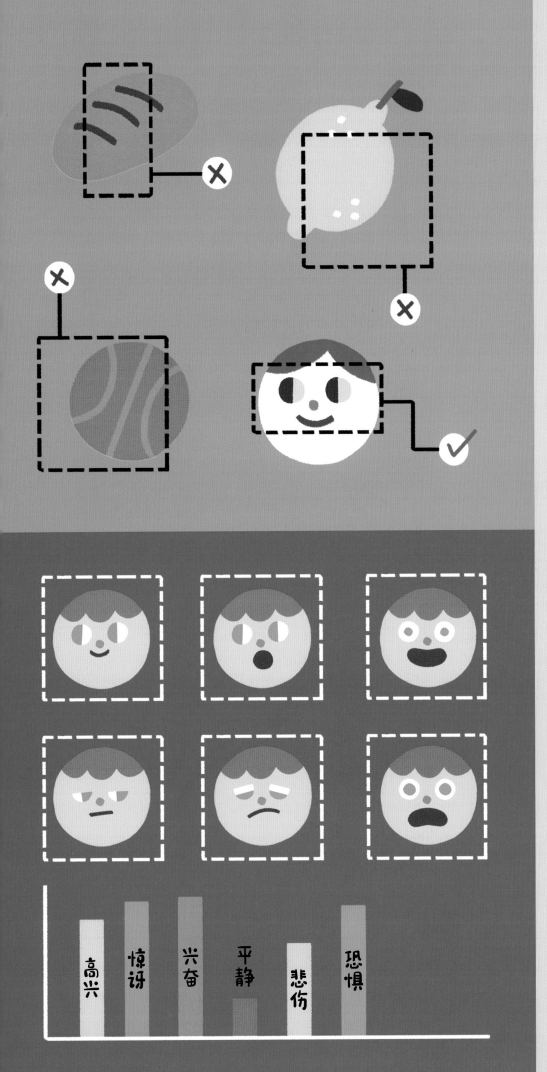

尽管智能机器可以通过处理海量的信息得出结论，但在解读情绪上，它并非万无一失。就连人类自身也是如此。

人类的情绪十分复杂，每个人感受和表达情绪的方式各有不同。除此之外，我们做出的反应还会受到许多因素的影响。这让正确解读人类的情绪变得十分困难。

接下来让我们看看，智能机器如何通过简单的两个步骤来识别情绪。

1

判断识别对象为人脸（不是球、面包或柠檬等）。目前，这项技术应用得十分广泛，如社交软件建议我们标记某人时、使用滤镜美化图片时、通过机场安检时。

2

分析一系列要素（如面部表情、体温、手势、语言等），从而推测特定个体可能感受到的情绪。

高兴　惊讶　兴奋　平静　悲伤　恐惧

情绪识别技术越来越多地应用于优化我们与身边的智能机器的交互，帮助我们更容易地完成某些任务，防止发生事故，或者仅仅是给我们提供更舒适的体验，让我们更快乐。

你情绪低落地回到家。
一进门，房子便识别出你的情绪。
它马上为你安排了一把扶手椅，
一边放映你最喜欢的电影，
一边给你做一次背部放松按摩。

一个利用科技
让人类更幸福的世界，
会是什么样的？

这个信息对谁有用呢？

在有的国家，一些公共场所安装了可以检测面部表情的摄像头，用以了解人们的情绪状态。

电脑检测到你的课后作业过难或过易，
这可能会让你感到沮丧。
于是它自主调整作业的难易程度，
让你不再有沮丧的感觉。

为了更好地了解学生的情绪，
教育技术领域进行了越来越
多相关的研究。

用技术帮助我们
避免挫败感，
这是好事吗？

每时每刻都能知道
其他人的情绪状态，
你觉得怎样？

有个国家的一所中学曾因在教室安装配备人脸识别技术
的摄像头而引起关注。摄像头每 30 秒就会对学生面部
进行一次扫描，并将信息传回电脑。电脑根据学生的面
部表情识别出 7 种情绪（高兴、难过、反感、愤怒、害怕、
惊讶和中性），同时还会衡量学生的专注程度。基于这
些数据，系统会为每个学生打分并将分数推送给老师。

长时间处于
被监测的状态，
有什么利和弊？

情绪识别技术一定程度上是有益的。例如，它已经开始应用在汽车上，以监测驾驶员的注意力是否集中，从而最大限度降低事故发生的风险；它也应用在了服务无法与他人正常交流的人群的机器人上，以帮助我们更好地了解这部分人的需求。但是，情绪识别在任何情况下都是好事吗？

近年来，出现了一些充满争议的案例。有些目的不纯的企业、组织或个人，利用这项技术来预测、煽动和操控公众的情绪，从而为自己谋取利益。这也是为什么有的人为了保护自己的隐私，宁愿不接触情绪识别等智能技术。

如果机器能够
左右我们的决定，
我们还是自由的吗？

研究表明，当我们
决定购买某样商品时，
起决定作用的是我们的情绪。
因此，为了能更好地理解人们
对特定商品或广告的反应，
广告行业有了越来越多
对情绪识别的研究。

但是请注意，人脸识别系统并非对所有人都能产生相同的效果。根据编程的方式，机器可能对某些人会起作用，但对另一些人则毫无反应（甚至会造成危险）。

计算机科学家、活动家**乔伊·布兰维尼**在研究中发现，人脸识别系统在深肤色女性群体中的表现极差。甚至于有时候只有让她们戴上白色面罩，系统才能识别她们的面容！

你会给我推荐什么?

现在有可以识别语音的机器、识别人脸的机器、识别情绪的机器……
还有可以识别我们的兴趣并为我们推荐电影、音乐、好友、商品的机器。这是怎么做到的呢?

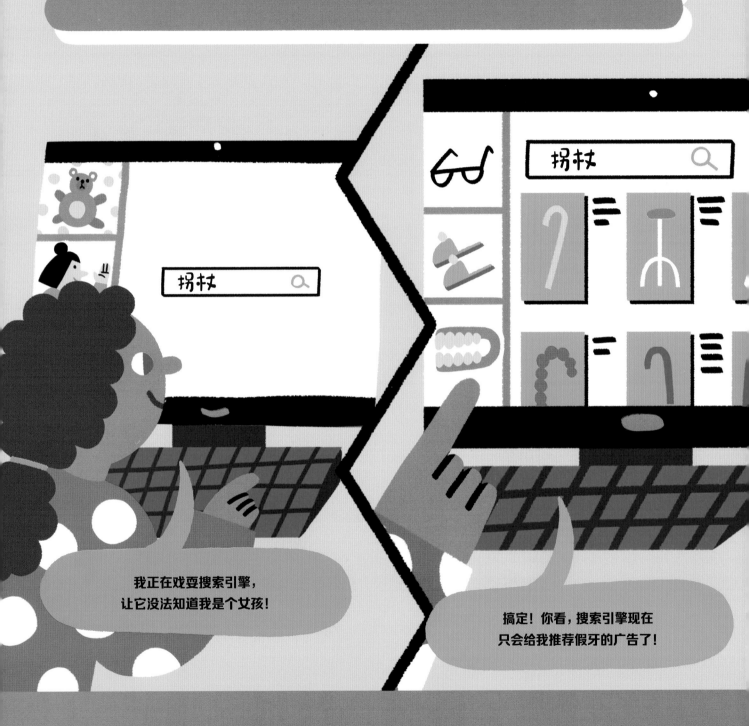

我正在戏耍搜索引擎,
让它没法知道我是个女孩!

搞定!你看,搜索引擎现在
只会给我推荐假牙的广告了!

我们身边的许多科技产品都运用**人工智能算法**来预测我们的偏好。为了更精准地预测,这些产品不断收集我们与之交互的各种信息,如我们搜索了什么,点赞了什么,浏览过什么内容,访问过什么网站,在社交网络上关注了什么人,等等。基于这些信息(再次强调一遍,这些信息都是数据!),算法按照特征对我们进行分类,也就是将我们按照近似的特点(如年龄、性别、爱好、偏好等)分入不同的群组。由此它们就可以预测我们的喜好或潜在的兴趣了。

上一页的女孩究竟做了什么？
在女孩戏耍搜索引擎之前，她的个人资料是这样的：

前

数据

机器学习算法
处理数据以确定个体特征。

结果

女孩
12 岁
电子游戏
体育运动
流行音乐
动物

推荐

关注这位
风帆冲浪
视频博主吧！

关注

戏耍搜索引擎之后，
女孩的个人资料发生了变化：

后

数据

机器学习算法
处理数据以确定个体特征。

结果

男性
81岁
健康
护理
棋牌游戏
跟团旅行

推荐

优惠好物：
假牙！

购买

气泡

当机器推荐我们可能会喜欢的东西时，我们会觉得很方便，因为这有助于我们在浏览互联网海量的信息时更有方向。但是，如果机器只让我们接触它认为我们会感兴趣的内容，如果我们看到的视频、广告、新闻等一切内容完全是基于我们的偏好定制的，又会发生什么呢？

网络活动家**伊莱·帕里泽**是第一个谈论仅接收个性化定制信息存在潜在风险的人。为了更好地阐释这个问题，伊莱·帕里泽创造了"过滤气泡"这一术语，因为当我们进入一个气泡中，我们便把自己和外部的一切隔开了。

如果人们只和有相同兴趣爱好的人待在一起，那世界会变成什么样呢？

如果只能听到相同意见的声音，我们自身的想法便会受限，我们也将更难去了解新事物。如果把自己封闭在气泡中，我们将丧失敞开自我去接收其他观点的机会。

多样性不可或缺，它让我们的生活更加丰富！

替代人类的机器

在历史长河中，新技术的诞生不断改变着我们的工作方式，新的职业应运而生，而某些职业则退出了历史舞台。例如，1440 年左右印刷机被发明出来，负责手抄书籍的抄写员这个职业便逐渐从人们的视野中消失了。但与此同时也诞生了与印刷相关的工作，如排版和大规模的发行。

然而，当机器能够像人一样完成任务，甚至完成得更好时，人类难免担心自己会被淘汰或被机器取代。如果智能机器能够承担我们现在所有的工作，那我们的角色是什么？

18世纪，蒸汽机取代了许多手工劳动，由此改变了劳动世界，因而这一时期被称为"工业革命时期"。随着将机器用于工业生产，由于工作时间延长、劳动力需求减少、工资下降，劳动者们眼睁睁地看着他们的生活水平每况愈下。一群英国的手工工人（后世称他们为"卢德主义者"）因对现状强烈不满，发起了一场运动。他们组织起来，毁坏令他们丢掉工作、让他们的生活和劳动条件恶化的工业机器。最后，军队不得不介入以平息工人们的运动。

类似卢德主义者们反对机器的运动，未来还会爆发吗？

你认为劳动者生活条件恶化是机器造成的吗？

如果卢德运动取得胜利，世界会变成什么样呢？

51

预计到 2030 年，智能机器将取代现在多达 30% 的工作。近 3.75 亿人将面临职业的转变，同时也将诞生约 3 亿个无法被自动化替代的新工作岗位。

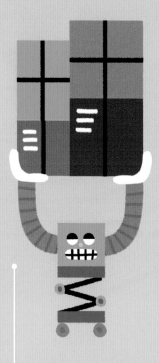

人工智能越来越多地应用在求职和招聘的过程中。

目前已经有了机器人仓库，由机器人负责搬运仓库中的货物。为了能规范地将机器人引入企业，多年来，欧盟一直在推进新法律的研究和制定。

当机器人在完成某项任务时，我们可以说它在工作吗？应当给机器人支付工资吗？

在日本，有一些酒店已经设立了长得和人一样的机器人前台。

护理机器人的研发投入不断加大，这类机器人能够帮助老人和残疾人完成吃饭、穿衣等日常生活活动。

道德机器

道德机器是一个线上平台，专门收集人们对事故发生时，自动驾驶汽车该做什么决定的看法。回答这些问题绝非易事！试想一下，一辆失控的自动驾驶汽车面临两个选择：要么右转撞向一个牵着狗的老人，要么保持直行撞向一个小孩。你认为它该怎么选？

面对可能发生的事故，自动驾驶汽车会如何应对？如果发生车祸，谁是责任人呢？

目前已经有了能够模仿人类驾驶行为的自动驾驶汽车。

我们对机器的接受程度在不断变化。19 世纪初期，卢德主义者坚决反对工业机器，而如今，机器已经成为我们日常生活中必不可少的一部分。哪些任务我们愿意交给机器？哪些任务不能托付给机器？你认为同样的问题放在未来，还会得到相同的答案吗？

为什么不调查一下呢？不妨去找不同年龄段的人进行采访。下面我们为你准备了一些问题，或许能给你的采访一点参考。当然啦，你也可以想出更多的问题！受访者的答案或许能让你大吃一惊！

采访提纲

- 如果你生病了，你能接受由机器来照顾吗？

- 你愿意由智能机器教你说一门新语言吗？这样的学习效果是更好还是更糟？

- 你放心让机器来照顾小孩吗？

- 你愿意去看机器人牙医吗？

- 你愿意去由机器人做饭的餐厅用餐吗？

- 机器给你建议谁可以成为你的好朋友，你会对此感到不适吗？

- 你会放心地乘坐无人驾驶的智能公交车吗？

我是机器！

近年来，关于智能植入物和智能假肢的研究越来越多，它们具有部分人体功能，可以帮助解决健康问题或者优化人的行动能力。例如，智能假肢能够让失去胳膊或腿，或是有其他行动困难的人恢复往日的行动能力。

这个想法并不新鲜。你知道钩子手和木腿吗？许多年前，人们便利用当时的技术为截肢的人安装用钩子或木棍制成的假肢。现在，随着科技的进步，我们可以在这一领域走得更远。

休·赫尔被誉为"仿生时代领导者"。他曾在一场严重的攀岩事故中失去了双腿，但没过多久，他又投身于热爱的攀岩运动——这多亏了智能假肢。他的智能假肢不仅有普通双腿的功能，还具备普通双腿没有的特性，如高度可调节，以及足尖由钛制成。这让赫尔成了一名掌握更多攀岩技能的优秀攀岩者。

装上智能假肢的人和装着木腿的海盗有何差别？

我们什么时候会变成赛博格？

赛博格（Cyborg）是一种由生物体和可增强生物体能力的机器组合而成的有机体。当然存在显著且极端的赛博格实例，但赛博格的界定往往并不清晰。既然赛博格意味着生物体具有可以提升自身能力的技术设备，那么是否可以认为，使用手机的通讯录功能记电话号码的人也算是赛博格？——毕竟他也用机器提高了自己的能力呀！

猜一猜，是事实还是科幻？

A 尼尔·哈比森

尼尔·哈比森是先天的色盲症患者，他眼中的世界是灰色的，没有任何色彩。他在头骨里植入了天线，使他可以通过振动来"听"见颜色。他可以识别300多种颜色，甚至包括肉眼无法看到的红外线和紫外线。

B 机械战警

底特律警察亚历克斯·詹姆斯·墨菲是著名的机械战警。他的身体配备有机械装甲和诸多技术，这大大强化了他的力量和感知力，使他可以更有效地对抗邪恶势力。

C 罗布·斯彭斯

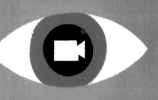

罗布·斯彭斯是一名电影制片人和纪录片爱好者，他被称为"生化眼"。斯彭斯在童年的一场事故中失去了一只眼睛，后来他把失明的眼睛替换成了一台摄像机，并用它来拍摄影片。

D 穆恩·里瓦斯

这位舞蹈家在她的体内植入了地震传感器，通过传感器的振动实时捕捉全世界发生的每一场地震。这让她可以更好地感受地球的运动。

E 莫利·米莉昂斯

莫利是一名职业保镖。她的身体经过多次改造，包括通过精密的外科手术在指甲内植入伸缩刀片，这让她随时随地都处于武装状态。莫利在威廉·吉布森的一些作品中扮演机械武士的角色。

F 神探加吉特

神探加吉特还有个西班牙名字——特鲁基尼，他的体内植入了不少精密仪器，如由微型金属锥体组成的"加吉特耳朵"，激活后可以提高听力；又如"加吉特秘密电话"——一部植入手中的电话。

忒修斯之船悖论

雅典国王忒修斯与船员们从克里特岛返航时乘坐了一艘老旧破败的船。航行途中，船员们不断对船只进行修补，用好的零部件替换已损坏的零部件，或将一些零部件拆卸下来安装到其他部位。

当船最终抵达港口时，已经完全变了样。于是问题便产生了：**忒修斯抵达港口时乘坐的船与从克里特岛返航时乘坐的船，还是同一艘吗？**

试想一下，一艘有 30 支桨的船，如果我们仅仅替换其中的 1 支桨，它还是原来那艘船吗？如果替换 15 支桨呢？又如果替换掉所有的船桨并且改变这艘船的结构呢？上述问题成了一个悖论，因为在替换的过程中，很难准确地知道究竟在哪个节点它变成了另一个东西。针对这些问题，答案没有对错。

向右转。

在你的后脑勺安装一只机械眼。

在你的耳朵里植入机器来增强听力。

你怎么看呢?

很难清楚地知道,什么时候我们会与机器融合在一起。然而一些当代思想家认为,我们已经是赛博格了。生物学家、哲学家**唐娜·哈拉维**提出,我们全都是机器和生物体的混合物。创业家**埃隆·马斯克**同意哈拉维的观点,他还认为,我们之所以已经成了赛博格,是因为社交网络上存在我们的数字版本。我们拥有强大的能力,几乎可以随时回答任何问题,跟任何人在任何地点举行视频会议,甚至在一瞬间给数百万人发送消息。

如果……你就变成赛博格了吗?

使用全球
定位系统(GPS)
到达目的地。

你好!

佩戴一只
能让你听懂全世界
所有语言的耳机。

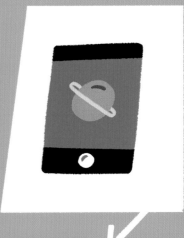

用手机提醒你
需要完成的事项。

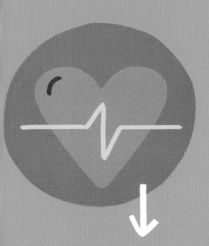

给你的心脏安装
可以控制心跳的
电子瓣膜。

给你安装
一条机器腿。

如今,技术大大
提高了人类的能力。
这样一来,你认为
世界会变得更公平,
还是更不公平?

日常生活中的智能产品

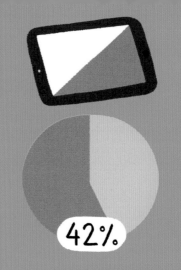

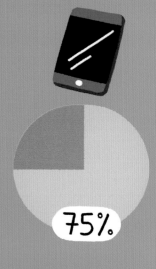

42%

75%

在 5~7 岁的儿童中，
拥有平板电脑的占 42%。*

每 4 个 12 岁的青少年中，
就有 3 个拥有手机。**

* 2012 年美国儿童智能产品使用数据，由调研机构影响力中心（Influence Central）提供。

如今稀松平常的智能产品，
是从什么时候开始普及的？

大部分情况下，从新发明诞生到投入日常使用，往往要历经数年的研究与测试。
今天我们认为还很遥不可及的发明，在未来或许就会变得跟电视或手机一样普及！

电视

1926 年电视诞生，但直到 20 世纪 60 年代，
电视才在家庭中普及。与今天不同的是，过去
的电视频道很少，而且画面是黑白的。

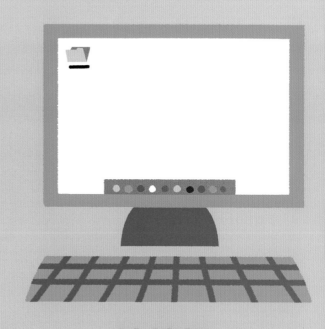

计算机

1946 年第一台计算机问世，但近 40 年后计算
机才进入家庭，并逐渐变得普及。

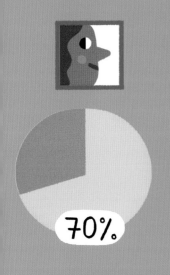

注意力丧失

一项研究表明，自 2000 年来，
人类集中注意力的平均时长
由 12 秒下降为 8 秒。
注意力维持时间的下降
与我们日渐数字化的
生活方式有关。

在 12~15 岁的青少年中，
拥有社交网络账号的占 70%。***

** 2015 年西班牙青少年智能产品使用数据，由西班牙国家统计局提供。　*** 2021 年西班牙青少年智能产品使用数据，由瓦伦西亚消费者和用户协会提供。

互联网

20 世纪 60 年代，人们开始研究创建互联网。
但直到 21 世纪初，互联网才开始普及。

优兔
（YouTube）

2005 年优兔问世。这是一个
允许用户上传视频内容的娱乐
平台。

瓦次艾普
（WhatsApp）

2009 年瓦次艾普问世。起初它
的作用是识别某人是否方便接
收电话或消息。2010 年瓦次艾
普开始用于发送实时消息。

智能手机

第一部智能手机（又称智慧型手机）
诞生于 1992 年。进入 2010 年代，
智能手机迅速普及开来。

**有些智能产品花了
很长时间才得以普及，
而有些则很快
就被我们接受了。**

元宇宙

2021 年脸书（Facebook）更
名为元（Meta），并开始向新
兴的社交、学习、合作和娱乐空
间——元宇宙转型。虚拟现实
（VR）和增强现实（AR）两项
技术在元宇宙中扮演着重要的
角色。

绘画

与朋友聊天

阅读

看动画片

你出生于哪一年?
你的家人呢?

时至今日,
科技的发展已经
让我们的行为方式
发生了改变,诸如
如何休闲娱乐,
如何检索信息,
如何与他人
聊天互动,等等。

听音乐

问候长辈

玩足球游戏

写作业

调查一下！

对身边的成年人做一个小调查，
看看他们在小时候是如何完成下面这些事的。

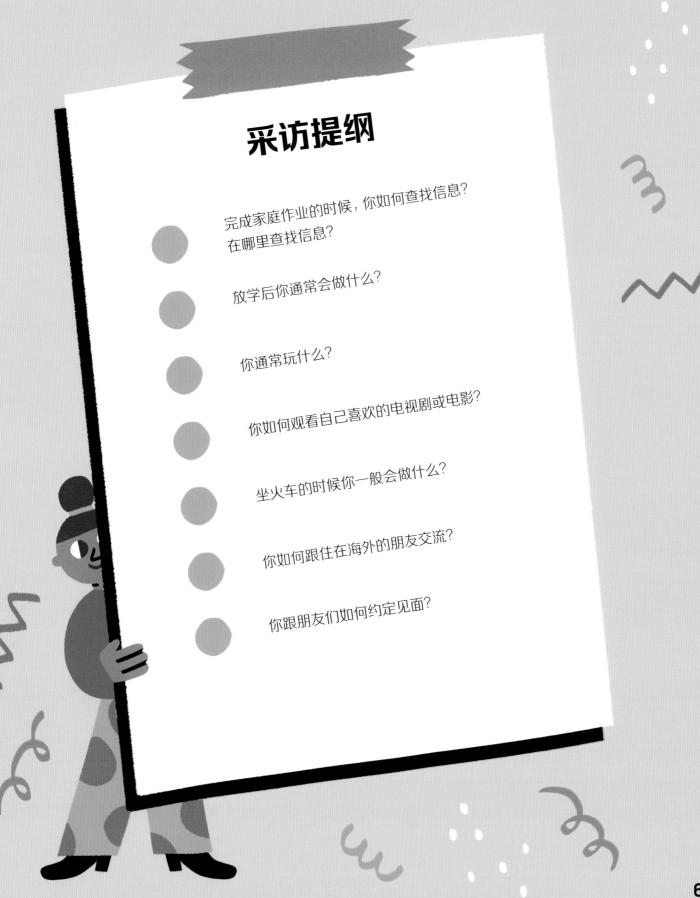

采访提纲

完成家庭作业的时候，你如何查找信息？
在哪里查找信息？

放学后你通常会做什么？

你通常玩什么？

你如何观看自己喜欢的电视剧或电影？

坐火车的时候你一般会做什么？

你如何跟住在海外的朋友交流？

你跟朋友们如何约定见面？

查找信息

如果做了前一页的调查，你就会发现，在互联网诞生之前，若是我们需要某一主题的资料，只能去书里找。现在就不同了，只需去网上搜索一下就可以找到需要的资料。获取信息变得更加方便、快捷，同时，获得的信息也更加多样。但是，更多的信息并不等于更优质的信息。此外，庞大的信息量可能导致我们只能走马观花地阅读。我们在网络上平均阅读一则内容的时间约为40秒。用不到1分钟的时间，我们真的能理解和学会所读的东西吗？

我们在网上找到的信息并非全都真实可信。网上存在着**假新闻**，即包含虚假信息且试图让我们信以为真的新闻。因此，学会辨别信息变得越发重要。

河狸
它是猫咪
最好的朋友。

这座农场里的河狸能够阅读书本。

联络朋友

科技让我们能够和远方的朋友即时交流。

新冠疫情期间，尽管受物理隔离的限制，科技依旧保障了人们的持续交流。但也有人批判这类技术会把我们与身边的环境隔绝开来。

消遣时间

随着电子设备日渐普及，我们的娱乐消遣方式发生了巨大变化。近年来，有不少针对儿童和青少年如何消遣时间的研究。结果表明，欧洲青少年平均每天的上网时间为 3~6 小时，而 26% 的欧洲青少年算得上是**重度网络用户**，因为他们平均每天的上网时间超过了 6 小时。

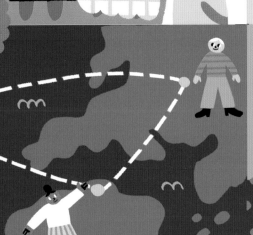

设计的把戏！

许多手机和平板电脑的应用程序通过用户数和用户使用时长获取利润。因此，这类应用程序在设计时会考虑如何让用户尽可能长时间地使用，从而尽可能多地收集用户的数据，用于日后的数据流通。这种商业模式被称为**数据经济**。

你有没有过这样的经历：打开某个你喜欢的应用程序，然后不知不觉间，时间已经过去了很久。应用程序之间相互竞争，争夺我们的注意力。为此它们在设计中穷尽了各种把戏，想把我们牢牢困住。

科学研究揭示
养狗的最佳年龄

其实很难确定养狗的最佳年龄是多少，
因为这取决于诸多因素……

你不爱吃鹰嘴豆吗？
那你一定要看看这篇文章。

通知

屏幕上的通知会吸引我们的注意力，促使我们点开它。

咕噜咕噜……

手势设计

我们同手机和平板电脑的交互需要一系列手势，据说其设计是受到了抚摸猫咪的启发，这样我们把设备拿在手里时会感到更愉悦。

模棱两可的新闻标题

这类标题会激起我们的兴趣和好奇，让我们想要马上点开链接，好好看看里面的内容！

艾莉西亚
输入中……

你好，我刚刚到家。

你好！ ✓✓

你要来萨拉的聚会吗？ ✓✓

奖励

改变行为的一个有效机制是提供某种奖励作为回报。如果奖励是不可预知的，会有更好的效果。

有研究表明，如果老鼠每次触碰按钮后会得到不同数量的食物，那么相较于每次触碰按钮后都得到相同数量的食物，老鼠将更有动力去触碰按钮。

聊天应用能让我们知道对方是否收到消息（甚至是否已经阅读消息）、对方是否在线或对方是否正在输入。如果你看见自己刚刚发的消息对方已经读了，但不回复你，你会怎么想？如果你看见对方正在输入，你又会怎么想？

下一集

你有没有想过，当我们在视频网站观看电视剧时，在不按播放键的前提下，为什么下一集会自动播放？研究表明，这种情况下人们观影的时间会长得多！

有时，我们几乎
意识不到这些设计的把戏，
但它们却有极大的力量
来改变我们的行为。
看过上面这些例子后，
你还能在日常使用的应用程序中
找到其他类似的案例吗？

谁改变了谁？

如你所见，智能机器已经改变了（并将继续改变）我们的行为方式，甚至于我们自身也已经在一定程度上被改变了。例如，我们逐渐失去了长时间集中注意力的能力，但可以更快地从某一信息跳转到另一信息；我们写字越来越少，但学会了通过拍摄视频和照片进行交流。也就是说，我们的某些能力在不断减弱，但另一些能力却在不断增强。

但人类的改变并不仅仅是智能机器带来的。从古至今，人类创造出无数改变了自身行为和生存方式的发明。你知道吗？在古希腊，包括苏格拉底在内的一些哲学家反对书写文字。他们坚信文字会影响人类的智慧，因为它让我们可以不再用心去记住很多事情。尽管我们的记忆力或许比不上古希腊人，但如今没人会质疑文字对人类智慧所起到的传承作用。换句话说，我们创造了技术，技术也塑造着我们。

畅想未来

这趟智能机器之旅已经临近尾声。我们了解了智能机器是如何运作的，不同场景中智能机器的应用，智能机器带来的挑战和可能性；我们还看到了智能机器如何改变我们的生活习惯，并最终改变人类自身。以上种种问题都十分复杂，但同时也让我们看到了未来丰富的可能性。智能机器的设计和使用，使我们可以创造一个更公平或者更不公平的世界。作为用户（或许未来还将成为智能机器的设计者和创造者），我们应该意识到这一点，也有责任为如何使用智能机器、如何想象智能机器贡献我们的聪明才智。

既然谈到了想象，那可别忘了，现在我们习以为常的发明，最初往往出现在科幻小说里。因此，畅想未来十分重要！你同意吗？

未来的小孩会如何
玩耍、娱乐？他们是会花
更多的时间坐在屏幕前，
还是对此早已厌倦？
你认为未来人们还会
继续使用屏幕吗？

未来我们会如何
与家人共度时光？
我们周末都会
干些什么呢？

未来人类和机器的
融合会成为常态吗？
未来在体内植入
能赋予我们新能力的
机器是否跟现在
买台电视一样平常？

如果未来
我们在户外
待的时间越来越少，
城市会发生变化吗？
现在有关城市的概念，
在未来是否将
不再适用？

67

术语表

编程：使用特定的技术语言，为计算机编写一系列指令。

刻板印象：对某物或某人预设的观念，它往往会影响人们看待和理解世界的方式。例如，关于性别的刻板印象无处不在：在玩具目录里（粉色的给女孩，蓝色的给男孩），在电影和动画中（王子总是坚定且勇敢，而公主总是纤细且美丽），在广告里（妇女总是负责家务劳动）……

模式（模型）：具备现实的某些主要特征，是现实的简化表现。为了建立模式（模型），需要对接收到的数据进行分析。

人工智能：计算机科学的一个领域，旨在使机器可以实现人类大脑所能完成的功能，如逻辑思考、方案规划、总结归纳、关联事物，以及给身体下达行动的指令等。

数据：与这个世界有关的事实、数字、图像、声音或其他类型的信息。数据通常只是对现实的局部呈现，人工智能运行的结果取决于提供给它的数据。

思想实验：用想象进行的实验，包括创造一个假设性的场景，在场景中进行某些行动并预料行动产生的结果。该实验往往用于解释现实或检验某种思想。

算法：一组有序、清晰的指令，用于解决问题或完成任务。在计算机领域，这些指令严格按照编程语言书写，确保计算机能够理解并执行。

隐私：自然人在个人生活中不愿让他人知道的秘密。在数字技术的背景下，隐私权是指用户保护自身在网络上的数据并决定哪些信息对他人可见的权利。

自动机：具有使自身能够运动的装置的机器，其外观和运动方式往往会模仿某种生物（通常是人类）。

参考文献

关于青少年与新技术的使用的相关文献

BURNS T, GOTTSCHALK F (eds.). *Educación e infancia en el siglo XXI: el bienestar emocional en la era digital.* OCDE, Fundación Santillana, 2020.

RIDEOUT V, ROBB M B. *The Common Sense Census: Media Use by Kids Age Zero to Eight.* Common Sense Media, 2017.

GRAAFLAND J H. New technologies and 21st century children: Recent trends and outcomes. *OECD Education Working Paper No. 179.* Paris: OECD Publishing, 2018.

LIVINGSTONE S, DAVIDSON J, BATOOL S, et. al. *Children's online activities, risks and safety: A literature review by the UKCCIS Evidence Group.* London: LSE Consulting, 2017.

OECD. A Brave New World: Technology & Education. *Trends Shaping Education Spotlight 15.* Paris: OECD Publishing, 2018.

SMAHEL D, MACHACKOVA H, MASCHERONI G, et. al. *EU Kids Online 2020: Survey results from 19 countries.* EU Kids Online, 2020.

反思智能技术的相关文献

CAVE S, DIHAL K. Ancient dreams of intelligent machines: 3,000 years of robots. *Nature*, 2018-07-25, 559:473-475.

CAVE S, DIHAL K. Hopes and fears for intelligent machines in fiction and reality. *Nature Machine Intelligence*, 2019,1:74-78.

HANNON C. Gender and status in voice user interfaces. *Interactions*, 2016-06,23:34-37.

HARARI Y N. *Homo Deus: Breve historia del mañana.* Debate, 2016.

O'NEIL C. *Armas de destrucción matemática: Cómo el Big Data aumenta la desigualdad y amenaza la democracia.* Capitán Swing Libros, 2018.

ROYAKKERS L, TIMMER J, KOOL L, et. al. Societal and ethical issues of digitization. *Ethics and Information Technology*, 2018-06,20(2):127-142.

TORRESEN J. A Review of Future and Ethical Perspectives of Robotics and AI. *Frontiers in Robotics and AI*, 2018-01-15, 4:75.

WHITTLESTONE J, NYRUP R, ALEXANDROVA A, et. al. *Ethical and societal implications of algorithms, data, and artificial intelligence: a roadmap for research.* London: Nuffield Foundation, 2019.

反思智能技术的相关网站和视频

humanetech.com

gendershades.org

O'NEIL C. The era of blind faith in big data must end. TED, 2017-04.

PARISER E. Beware online filter bubbles. TED, 2011-03.

相关媒体新闻

DEL RIO J. TikTok tiene por norma no promocionar vídeos de gente fea, pobre, gorda o con discapacidad. *La Vanguardia*, 2020-03-18.

JERCICH K. AI bias may worsen COVID-19 health disparities for people of color. *Healthcare IT News*, 2020-08-18.

RUBIO I. Amazon prescinde de una inteligencia artificial de reclutamiento por discriminar a las mujeres. *El País*, 2018-10-12.

RUBIO I. Empleados de Amazon escuchan a diario conversaciones que mantienen los usuarios con Alexa. *El País*, 2019-04-19.

RUBIO I. Por qué puede ser peligroso que un algoritmo decida si contratarte o concederte un crédito. *El País*, 2018-11-23.

TSUKAYAMA H. When your kid tries to say 'Alexa' before 'Mama'. *The Washington Post*, 2017-11-21.

XUE Y J. Camera Above the Classroom. *Sixth Tone*, 2019-03-26.

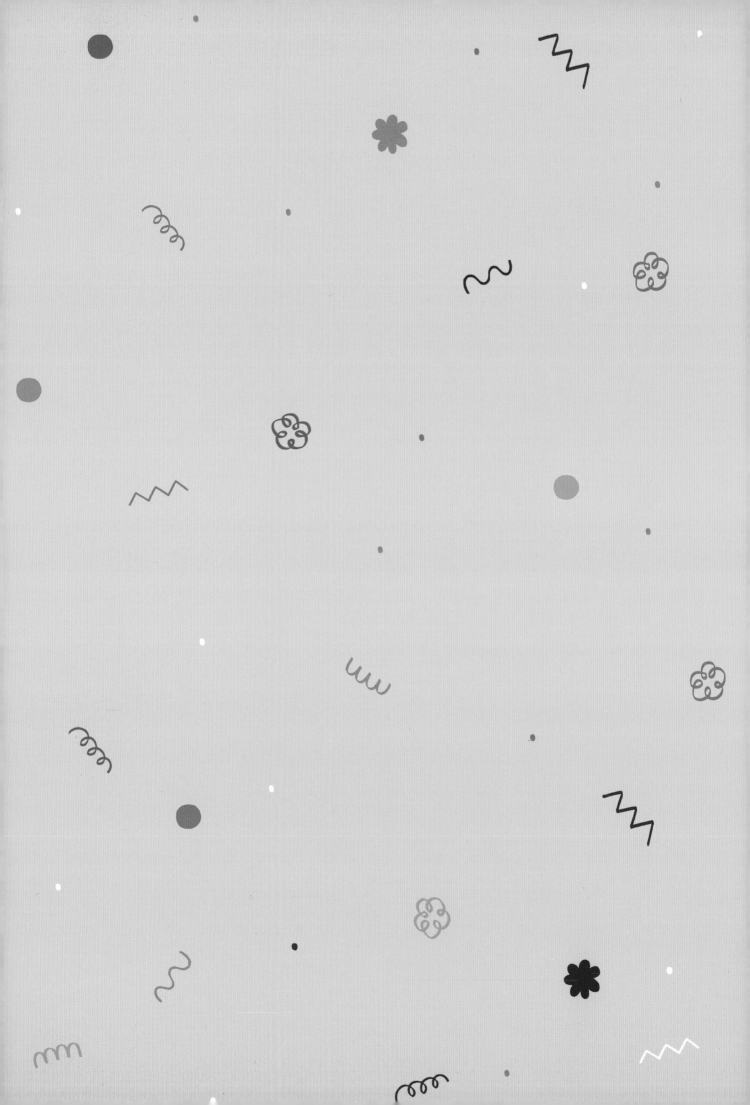